INHALT

Titel der französischen Ausgabe:
L'Atlas des enfants
ISBN 3-89717-209-7
Printed in Italy

10 9 8 7 6 5 4 3 2

MEIN ATLAS der Welt

Idee:
Jane DELAROCHE

Text:
Valérie Le DU

Illustrationen:
Colette DAVID

Übersetzung aus dem Französischen:
Bettina Kantelhardt und Sigrun Kulf

FLEURUS VERLAG

DIE ERDE IM UNIVERSUM

Der unendlich weite Raum, der die Erde umgibt, heißt Universum. Das Universum besteht aus Milliarden von Galaxien, die sich aus Millionen von Sternen, aus Planeten, aus Gasen und Staubteilchen zusammensetzen.

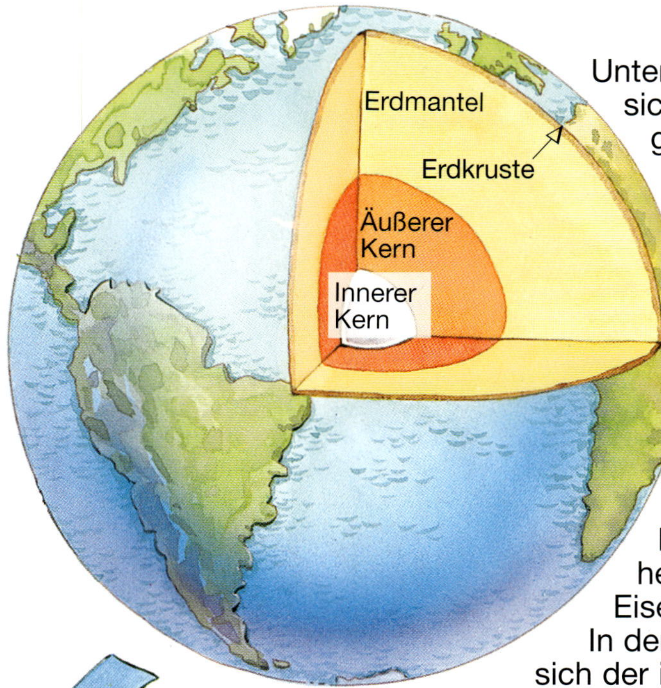

Der Aufbau der Erde

Die Erde ist sehr alt. Sie entstand vor 4 Milliarden Jahren aus einer Wolke aus Gasen und Staubteilchen. Aus dieser Ansammlung von Teilchen bildete sich eine Gesteinskugel. Der Boden, auf dem du gehst, ist eine Kruste aus hartem Gestein.

Unter der Erdkruste befindet sich der Erdmantel, der aus glühenden, über 1000° C heißen Gesteinsmassen besteht, die teilweise noch flüssig sind. Unter den Ozeanen ist die Erdkruste dünn (ungefähr 5 km stark). Unter den Kontinenten ist sie durchschnittlich 35 km stark und kann in Berggegenden bis zu 70 km Stärke erreichen. Der äußere Kern ist noch heißer und besteht aus Eisen, Nickel und Sauerstoff. In der Mitte schließlich befindet sich der innere Kern, eine Kugel aus Eisen und Nickel.

Das Sonnensystem

Die Erde ist einer von neun Planeten, die sich in weitem Umkreis um die Sonne drehen. Diese Planeten bilden das Sonnensystem. Um die Sonne zu erreichen, müsstest du ungefähr 70 Jahre lang mit einem Hochgeschwindigkeitszug fahren! Die Erde umrundet die Sonne innerhalb eines Jahres. Da die Erdachse schräg zur Sonne steht, ist nicht immer der gleiche Pol der Sonne zugewandt. Deshalb gibt es die verschiedenen Jahreszeiten.

Von Zeit zu Zeit stoßen die auf dem Erdmantel treibenden Gesteinsplatten aneinander. Dann bebt die Erde. Außerdem kann sich die Erdoberfläche anheben; dann bilden sich Faltengebirge. So sind die Alpen und der Himalaja entstanden.

A

Die Verschiebung der Kontinente

Ursprünglich gab es nur eine einzige Landmasse, die von Meer umgeben war. Diesen Urkontinent nennt man Pangäa (A). Vor ungefähr 270 Millionen Jahren zerbrach diese Landmasse in mehrere Teile und die Kontinente bildeten sich. Die Kontinente trieben allmählich auseinander, umgeben von den Meeren und Ozeanen, die zusammen mehr als drei Viertel unseres Planeten einnehmen (B und C).

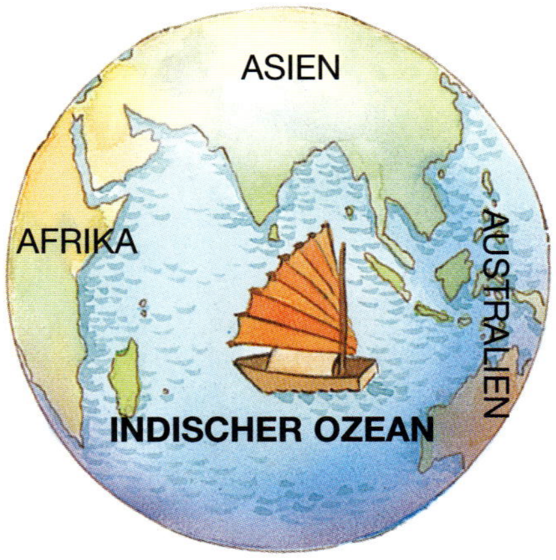

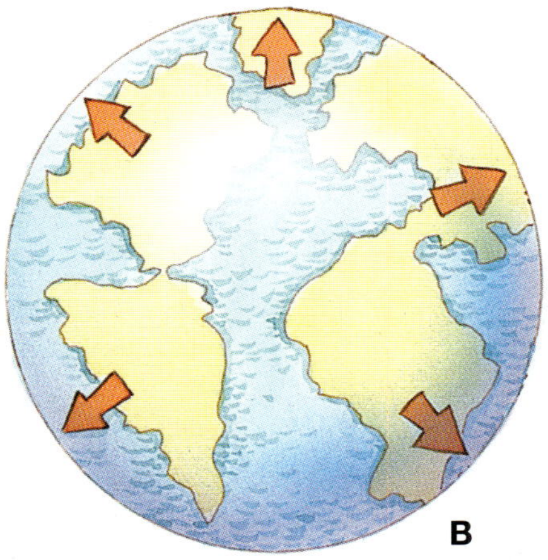
B

Die Ozeane

Die Ozeane sind durch Wasserstraßen miteinander verbunden. Der Atlantik trennt Europa von Amerika. Der Indische Ozean erstreckt sich von Afrika bis Australien. Der größte Ozean, der Pazifik, reicht von der Westküste Amerikas bis nach Asien und Australien. Im Norden liegt das Nordpolarmeer. Es ist fast völlig zugefroren.

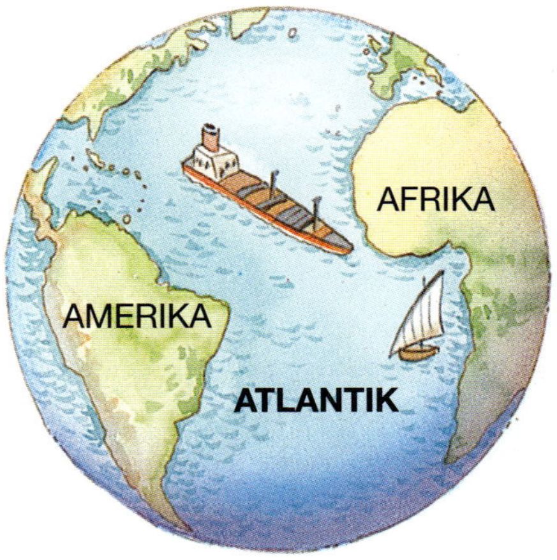

Die Meere

Als Meere bezeichnet man die Nebenmeere der drei Ozeane. Sie sind zum Teil von Kontinenten umgeben. Manche Meere sind richtige Salzseen, wie das Tote Meer zwischen Israel und Jordanien. Das Mittelmeer wird es eines Tages nicht mehr geben, wenn Afrika und Europa zu einem Kontinent geworden sind. Denn die Verschiebung der Kontinente geht weiter, sie nähern sich einander an.

C

Die Erdatmosphäre

Die Erdatmosphäre ist eine Luftschicht, die die Erde umgibt und sie vor zu starker Sonneneinstrahlung schützt. Sie besteht aus einer Vielzahl von Gasen, unter anderem aus Sauerstoff, und nimmt die Sonnenwärme auf. Ohne die Atmosphäre wäre es auf der Erde zu heiß und unser Planet wäre eine einzige Wüste.

Die Oberflächengestalt der Erde

Die Erdoberfläche besteht aus Mulden, Hügeln, Ebenen, Hochebenen und Bergen. Selbst in den Ozeanen gibt es richtige Schluchten. Die größte heißt Marianengraben und befindet sich im Pazifik.
In unterseeischen Gebirgen ist heißes Magma verborgen. Das Magma kann bis an die Wasseroberfläche steigen und dort Vulkaninseln bilden.

Ein Vulkan entsteht, wenn flüssiges Gestein vom Erdinneren durch einen Spalt nach oben steigt und an die Erdoberfläche geschleudert wird.

DIE WELT

Auf der Welt leben mehr als 6 Milliarden Menschen! Es gibt Länder mit hoher Bevölkerungszahl (z. B. China) und einen ganz unbewohnten Kontinent, die Antarktis. Die Menschen reisen seit Jahrhunderten auf der Erde umher. Manche haben sich weit entfernt von ihrem Heimatland niedergelassen. So gibt es in Europa, Amerika, Australien, im Süden Afrikas und Westen Asiens viele Menschen mit heller Hautfarbe. In Afrika, aber auch in Amerika leben viele Menschen mit dunkler Hautfarbe. In Asien und im Pazifik leben vor allem Menschen mit gelblicher Hautfarbe. Doch auch Indianer und Eskimos stammen ursprünglich aus Asien.

EUROPA

In Europa wohnen sehr viele Menschen. Doch jedes Jahr kommen weniger Kinder auf die Welt. Die Nordeuropäer haben oft blonde oder rote Haare und blaue Augen. Je weiter südlich man kommt, desto mehr Menschen mit getönter Hautfarbe trifft man. Warst du schon einmal in Italien oder Spanien? Dann ist dir das bestimmt auch aufgefallen.

Der Eiffelturm in Paris ist ganz aus Eisen.

Die Tower Bridge in London überspannt die Themse. Die beiden Türme waren früher Gefängnisse.

Die Mexikaner stammen von Spaniern und Indianern ab. Als Schutz vor der Sonne tragen sie oft einen großen Hut, den Sombrero.

Vor etwa 400 Jahren ließen sich Spanier und Portugiesen in Brasilien nieder.

AMERIKA

Die Indianer sind die Ureinwohner Amerikas. Im 16. Jahrhundert eroberten Spanier und Portugiesen Mittel- und Südamerika. Im 17. Jahrhundert kamen die ersten Europäer nach Nordamerika, in die heutigen Vereinigten Staaten von Amerika (USA). Amerikaner mit sehr dunkler Haut sind afrikanischer Abstammung.

Schloss Frontenac in Quebec, Kanada

New York

Freiheitsstatue

Wolkenkratzer

Skulpturen vier amerikanischer Präsidenten am Mount Rushmore

Machu Picchu, eine sehr alte Inkastadt, die im Bergland Perus errichtet wurde.

AFRIKA

In Afrika wohnen vor allem Menschen mit sehr dunkler Hautfarbe. Doch die Araber in den nordafrikanischen Ländern, von Marokko bis Ägypten, haben eine relativ helle Haut. In Südafrika leben viele Nordeuropäer aus Holland und England. Und in Madagaskar trifft man auch Inder.

Die Pyramiden sind die Grabmäler der alten ägyptischen Könige.

Ein Palast in Marokk

Akropolis in Athen (Griechenland)

Windmühle in Holland

Brandenburger Tor in Berlin

Die Mariä-Himmelfahrts-Kathedrale in Moskau, Russland; ihre Kuppeln sind vergoldet.

ASIEN

China (in Asien) hat die höchste Bevölkerungsdichte der Welt. Die Chinesen haben eine gelbliche Hautfarbe. Im südlicheren Asien leben dagegen mehr Menschen mit getönter und kupferfarbener Hautfarbe, wie zum Beispiel die Inder.

Die Chinesische Mauer beschützte das Land vor Eindringlingen. Sie ist über 6000 km lang und ist das einzige Bauwerk, das man vom Mond aus sehen kann.

Auf der Welt gibt es über eine Milliarde Chinesen! Sie leben in vielen verschiedenen Ländern.

Russland setzt sich aus einem europäischen und einem asiatischen Teil zusammen.

Japaner sind meist klein, haben glatte, dunkle Haare und schmale Augen.

In Indien umhüllen sich die Frauen mit einem langen Stoffgewand, dem Sari. Die Männer tragen einen Turban.

Die weißen Australier stammen von englischen Siedlern ab.

Die Thais haben eine kupferfarbene Haut und schmale Augen.

Die weißen Siedler kamen im 17. Jahrhundert aus Holland und zu Beginn des 19. Jahrhunderts aus England nach Südafrika.

Die Ureinwohner Australiens sind heute nicht mehr sehr zahlreich.

Die Tempel in Kambodscha enthalten unzählige kostbare Skulpturen.

Der Tadsch Mahal in Indien ist ein riesiges Grabmal aus Marmor, das mit wertvollen Steinen verziert ist.

Die Kuppel des Felsendoms in Jerusalem

AUSTRALIEN UND OZEANIEN

In Australien und Neukaledonien wohnen Menschen mit sehr dunkler Haut und krausen Haaren. Diese Ureinwohner Australiens heißen Aborigines.
Vor 200 Jahren kamen weiße Einwanderer aus England und ließen sich in Australien und Neuseeland nieder.

Das Theater von Leptis Magna, das die Römer in Libyen erbaut haben.

Wer hat wohl diese riesigen Figuren auf der Osterinsel in Stein gehauen? Das bleibt ein Geheimnis!

Dieses außergewöhnliche Gebäude steht in Australien. Es ist die Oper von Sydney.

DIE TIERE DER WELT

Tiere passen sich an ihre natürliche Umgebung an. Moschusochse und Eisbär haben ein dichtes Fell gegen die Kälte. Der Lemming hingegen gräbt sich eine Erdhöhle, wenn es zu kalt wird. Die Tiere der Wüste verstecken sich in Felsen oder graben sich ein, um sich vor der Hitze zu schützen. Erst in der Nacht machen sie sich auf Nahrungssuche. Andere Tiere, wie das Murmeltier, schlafen den ganzen Winter über im Inneren ihres Baus und kommen erst im Frühjahr wieder heraus.

TIERE DES URWALDES

Viele Tiere des warmen und feuchten Urwaldes am Amazonas leben in den Baumwipfeln. Sie ernähren sich von den Blättern und Früchten der Bäume.

Der Eisbär lebt in den nördlichen Polarzonen.
Die Pinguine leben in den südlichen Polarzonen.
TIERE DER KALTEN REGIONEN
Rentier
Luchs
Polarfuchs
Schneehase
TIERE DER BERGE
Adler
Gämse
Ziege
Steinbock
Schnee-huhn
Murmeltier
TIERE DES WALDES
Eule
Eichhörnchen
Kitz
Hirsch
Reiher
Bär
Wildschwein
Dachs
Wildente
TIERE DER HEISSEN REGIONEN
Walross
Rentier
Wolf
Eisbär
Elch
Fuchs
Bär
Kamel
Tiger
Yak
Panda
Hyäne
Elefant
Schildkröte
Krokodil
Giraffe
Tiger
Orang-Utan
Löwe
Elefant
Maki
Zebra
Strauß
Krokodil
Koala
Känguru
Emu
Gämse und Steinbock klettern die Felswände hinauf, um Nahrung zu finden.
In den Wäldern der gemäßigten Zonen passen sich die Tiere den Jahreszeiten an. Im Winter haben manche ein dichtes Fell, andere halten Winterschlaf.
Das Meer ist das Zuhause unzähliger Tiere. Zwischen Meeresgrund und Küste ist die Artenvielfalt ebenso groß wie auf dem Festland.
Pinguine
Strauß
Nashorn
Gazelle
Dingo
Skorpion
Känguru
Flusspferd
Krokodil
Wüstenfuchs

LANDSCHAFTEN AUF DER ERDE

Die Ozeane nehmen den Großteil der Oberfläche unseres Planeten ein. Wenn die Erde in Bewegung gerät, bilden sich Berge und Vulkane, und das selbst im Meer! Die großen Flüsse, aber auch Wind und Regen verändern allmählich die Oberflächengestalt der Erde, Schluchten und Täler entstehen. Wo nicht ausreichend Regen fällt, findet man Heiß- oder Eiswüsten.

EUROPA

Nordeuropa ist mehrere Monate lang von Schnee und Eis bedeckt.

Die Alpen sind ein sehr junges Gebirge.

In Europa gibt es lange, breite Flüsse. Die Donau, der zweitlängste Fluss Europas, fließt durch acht Länder bzw. an ihnen entlang!

Eine Ebene ist ein flaches oder leicht hügeliges Gebiet.

Wenn sich die Erdkruste bewegt, entstehen Berge. Je jünger das Gebirge ist, desto spitzer sind seine Gipfel. Alte Gebirge, die von Regen, Wind, Schnee und Eis teilweise abgetragen wurden, haben eine abgerundete Form.

In den Polargebieten ist es selten wärmer als 0° C. Erde und Meer sind mit Eis bedeckt. Das Eis bildet Packeis und Gletscher. In diesen Regionen gibt es keine Vegetation; nur am südlichen Ende des Nordpols wachsen widerstandsfähige Moose. Dieses Gebiet nennt man Tundra.

AMERIKA

Die Rocky Mountains sind die höchstgelegene Gebirgskette Nordamerikas! Ihr höchster Gipfel ist über 6000 m hoch.

Durch die Hochebenen des Grand Canyon fließt der Colorado. Dieser schnelle, reißende Fluss hat sich über Tausende von Jahren hinweg ein tiefes Bett gegraben.

Auf den Antillen ist der Vulkan La Soufrière noch aktiv.

Die Anden sind mit über 7000 km die längste Gebirgskette der Welt! Sie ziehen sich durch mehrere Länder. Im Norden der Anden ist es heiß, im Süden sehr kalt.

AFRIKA

Die Sahara ist die größte Wüste der Welt. Tagsüber ist es dort heiß und nachts sehr kalt.

Der Atlas ist eine Gebirgskette in Nordafrika.

In Europa gibt es sehr viele Ebenen. Sie sind flach oder auch leicht hügelig.

Europa hat abwechslungsreiche Küsten mit Dünen, Steilküsten oder kleinen Buchten. Manchmal haben Wind und Meer ein Tor in den Felsen gegraben.

ASIEN

Starke, warme Regengüsse, die in Vietnam niedergehen, haben von Gebirgen nur die Bergspitzen übrig gelassen.

Der Himalaja ist die höchste Gebirgskette der Erde.

Vor 3000 Jahren waren diese Steilküsten bewohnt.

Die Philippinen sind Vulkaninseln.

Der Fudschijama, Japans höchster Vulkan

Hochebenen sind flache, hochgelegene Gebiete.

Wüsten gibt es überall auf der Erde. Man unterscheidet Heiß- und Eiswüsten. Es regnet dort fast nie. Deswegen können dort keine Pflanzen wachsen.

AUSTRALIEN UND OZEANIEN

Im Pazifik gibt es viele Korallenriffe. Das schönste liegt im offenen Meer vor Australien.

Neuseeland besteht aus zwei Inseln. Neuseelands höchster Berg ist 3700 m hoch.

Der größte Teil Australiens ist Wüste. In einer dieser Wüsten erhebt sich der Ayers Rock, ein riesiger Felsen aus roter Erde.

Der Kilimandscharo ist ein Vulkan von 6000 m Höhe.

Die Viktoriafälle am Sambesi, einem der längsten Flüsse Afrikas

Ein Strand mit Kokospalmen

KLIMA UND VEGETATION

Je mehr man sich dem Äquator nähert, desto wärmer und feuchter wird das Klima. Je näher man dem Nord- oder Südpol kommt, desto kälter wird es. Manche Regionen haben das gleiche Klima, obwohl sie weit voneinander entfernt liegen. So gibt es zum Beispiel in Afrika, Australien und Amerika Wüsten. Je höher man kommt, desto kälter wird es. Die Gipfel der Alpen in Europa oder des Kilimandscharos in Afrika sind schneebedeckt. Pflanzen und Tiere passen sich dem Klima an.

Je höher man kommt, desto kälter wird es. Der Regen verwandelt sich in Schnee.

Im Norden der USA und in Kanada bläst im Winter ein bitterkalter Wind, der Blizzard. Oft wird er von Schneestürmen begleitet.

Mittelmeerklima
Die Bäume im Mittelmeerraum haben sich dem Klima (warm und trocken im Sommer, mild im Winter) angepasst. Sie behalten im Winter ihre kleinen, zähen Blätter.

Gemäßigtes Klima
Es herrscht zwischen den Polargebieten und den Wendekreisen. Dort ist es weder sehr kalt noch sehr heiß und während des ganzen Jahres gibt es regelmäßig Niederschläge.

Tropisches Klima
In den tropischen Gebieten ist es immer warm. Während der Regenzeit regnet es jeden Tag.

Warmes trockenes Klima
In den Heißwüsten fallen die Temperaturen nachts bis auf 0 °C. Tagsüber erreichen sie 50 °C. Es regnet dort sehr selten.

Ozeanisches Klima
Nahe der Küsten herrscht ein mildes und regenreiches Klima. Die Westwinde bringen Feuchtigkeit, die Südwinde hohe Temperaturen.

Der Tornado ist ein gewaltiger Wirbelsturm, der Verwüstungen anrichtet.

New York hat sehr heiße Sommer und kalte, oft schneereiche Winter.

Zyklone sind starke tropische Wirbelstürme. Sie werden von Wolkenbrüchen und Sturmfluten begleitet und erreichen Geschwindigkeiten von 200 km/h.

Meeresströmungen beeinflussen das Klima: Aus warmen Regionen bringen sie Wärme und aus den Polarzonen Kälte.

Dank des Golfstromes sind die Winter an der Atlantikküste Europas mild! Diese warme Meeresströmung kommt vom Golf von Mexiko.

Nur wenige Tiere, zum Beispiel der Pinguin oder der Eisbär, können im Packeis überleben.

Die Polarregionen sind das ganze Jahr über mit Packeis bedeckt. Hier wächst keine Pflanze.

In der Tundra im hohen Norden weht ein eisiger Wind. Dort wachsen nur Gras und dünnes Strauchwerk.

Die Taiga in den kalten Regionen ist ein riesiger Wald, dessen Bäume der Kälte widerstehen. Im Winter ist die Taiga mit Schnee bedeckt.

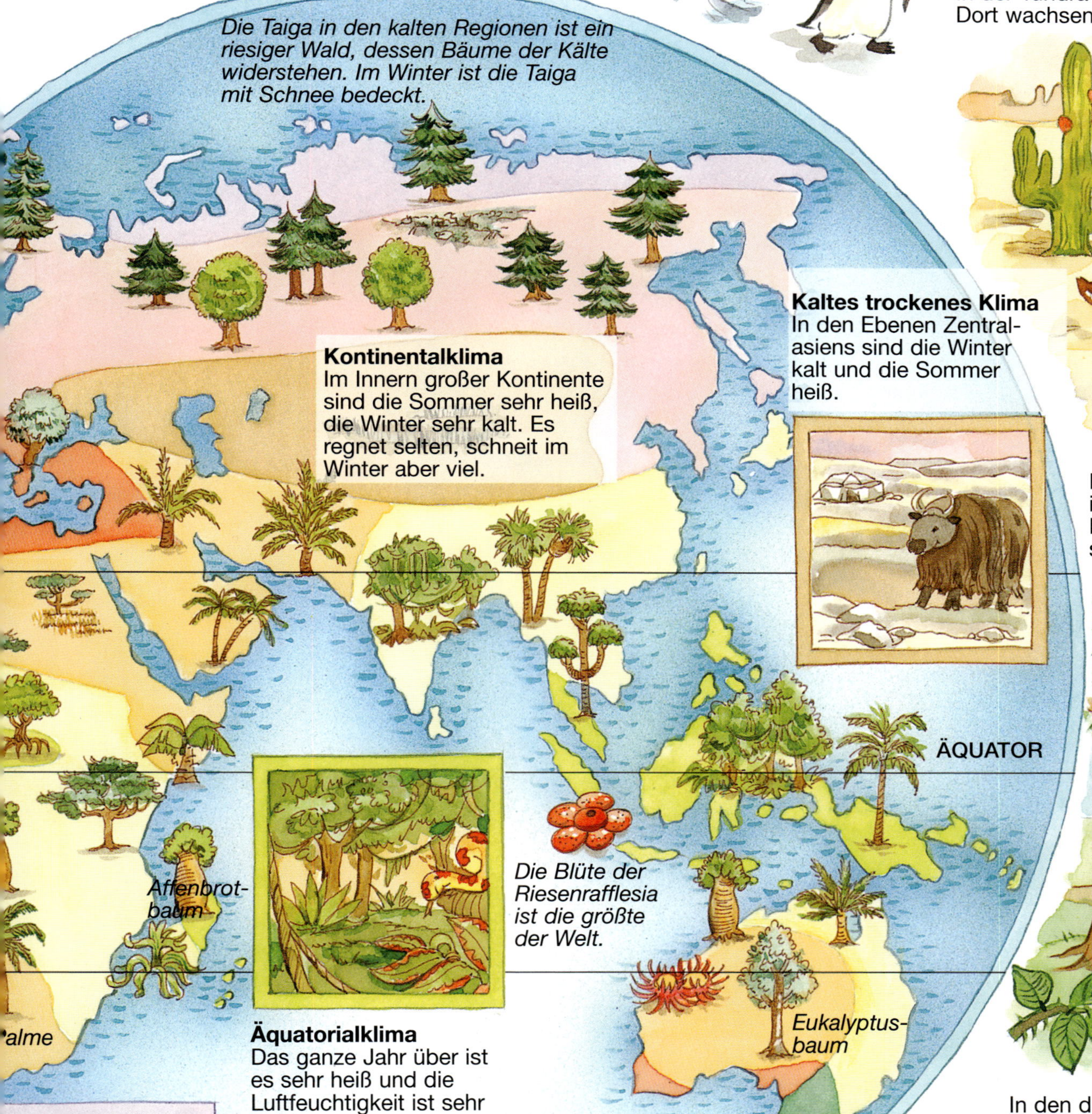

Kontinentalklima
Im Innern großer Kontinente sind die Sommer sehr heiß, die Winter sehr kalt. Es regnet selten, schneit im Winter aber viel.

Kaltes trockenes Klima
In den Ebenen Zentralasiens sind die Winter kalt und die Sommer heiß.

Die Blüte der Riesenrafflesia ist die größte der Welt.

Äquatorialklima
Das ganze Jahr über ist es sehr heiß und die Luftfeuchtigkeit ist sehr hoch.

Ein warmes Klima prägt die Regionen, die innerhalb der Wendekreise und weit von den Küsten entfernt liegen. Die Pflanzen sind fleischig: Sie speichern das Wasser.

In den dunklen Wäldern der gemäßigten Zonen findet man im Sommer Farne, Efeu und Moose. Die 4 Jahreszeiten sind dort deutlich unterscheidbar. Im Frühling blühen die Bäume.

Polarklima
Brrr, ist das kalt! An den Polen liegen die Temperaturen das ganze Jahr unter 0° C! Am Südpol sinkt das Thermometer bis auf -80° C. Hier kann keine Pflanze überleben!

In Indien bläst ein heißer Wind, der Monsun. Wenn dieser Wind meerwärts weht, vertreibt er die Wolken. Wenn er aber landeinwärts weht, bringt er den Regen, der für den Reisanbau benötigt wird. Aber es kommt auch zu Überschwemmungen.

In bestimmten Gebieten Afrikas fällt monate-, ja sogar jahrelang, kein Regen. Es herrscht Dürre.

ine eiskalte Meeresströmung aus der ntarktis streift den Rand der Wüste im üden Afrikas. Die Tiere der heißen und alten Regionen treffen dort aufeinander.

NORD-EUROPA

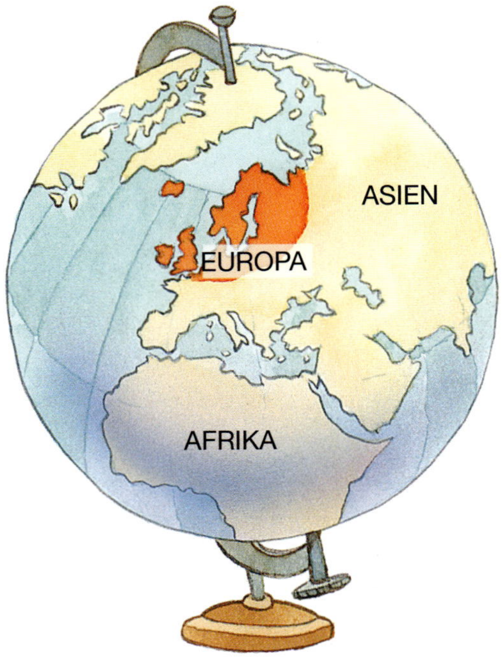

Obwohl Europa ein relativ kleiner Kontinent ist, ist er nach Asien der am dichtesten besiedelte. Je weiter nördlich man kommt, desto schneereicher sind die Winter. Manche Menschen in Nordeuropa benutzen sogar Skier oder Schlittschuhe, um sich fortzubewegen! Die Menschen sind hellhäutig und haben oft blonde Haare. Die Häuser und auch die Feste und Spiele sind von Land zu Land sehr unterschiedlich.

Zu Ehren der Heiligen Lucia feiert man am 13. Dezember in Schweden ein Fest.

Auch in Holland bringt der Heilige Nikolaus den braven Kindern am 6. Dezember Geschenke.

Skandinavische Kinder lieben den Langlauf!

Die Bewohner von Island leben an den Küsten, in farbenfrohen Häusern.

Die Skandinavier - das sind Norweger, Schweden, Dänen, Finnen und Isländer - lassen sich geräucherten Fisch und Rollmops schmecken. Die Engländer essen oft Porridge (das ist ein Haferbrei) und Pudding. Die Holländer, die in den Niederlanden wohnen, lieben rohen Fisch und Gouda. Miesmuscheln mit Pommes frites sind für die Belgier berühmt ... Und was isst du am liebsten ?

Schottland ist das Land der Spukschlösser und Dudelsackspieler.

Eine alte norwegische Holzkirche

Llanfairpwllgwyngyllgogerychwyrndrobwllllantysiliogogogoch! Der Name dieses Ortes in Großbritannien ist der längste der Welt!

Reetgedeckte Bauernhäuser und niedrige Steinmäuerchen sind typisch für Irland.

Manche Engländer bekommen die Milch noch vom Milchmann an die Haustür gebracht.

In London haben Busse zwei Etagen. Die Autos fahren links!

Wettbewerb im Baumstammstoßen in Schottland

Auf den großen Märkten in Holland wird der Käse auf einer Bahre getragen.

In Holland fahren viele Leute Fahrrad.

Die Samen leben im Sommer in Zelten.

In Schweden und Finnland sind Saunas sehr beliebt. Eine Sauna ist ein Heißluftbad.

Ob Jung oder Alt: In Holland läuft man Schlittschuh! Während der kalten Zeit sind die zugefrorenen Seen, Weiher und Kanäle das reinste Vergnügen!

In Russland vertreibt man den Winter, indem man eine Puppe verbrennt.

Eine russische Volkstanzgruppe

In Russland spielen schon die Kinder Schach!

Kurz vor Frühlingsbeginn wird Karneval gefeiert: Die Kinder aus Köln ziehen verkleidet im Karnevalszug mit.

Ostermontag ist der Tag in Polen, an dem sich Groß und Klein mit Wasser bespritzen dürfen!

NORDEUROPA

WIRTSCHAFT

Nordeuropa ist hoch entwickelt. Die skandinavischen Länder haben gewaltige Rohstoffvorkommen, wie zum Beispiel Holz oder Eisen. Sie gehören zu den weltweit größten Produzenten von Papierbrei und Pappe. In Norwegen und England gibt es Erdöl und Erdgas. Weißrussland und die Ukraine sind wichtige Agrarländer. Schottland ist für seinen Whisky, Irland für seine Schafzucht, Belgien für seine Pralinen und die Niederlande für ihre Tulpen und ihren Käse bekannt. In Belgien und den Niederlanden befinden sich auch die wichtigsten europäischen Häfen.

In Irland werden viele Ponys gezüchtet.

Die Holländer züchten viele Blumen. Die Tulpenfelder in allen Farben sind eine große Touristenattraktion.

Zur Förderung von Erdöl hat man in der Nordsee riesige Bohrinseln gebaut. Die neueste ist höher als der Eiffelturm!

In vielen Ländern gibt es in den Flüssen Staudämme, um Elektrizität zu erzeugen.

Die Metall verarbeitenden Fabriken und die Fabriken, die Elektroteile herstellen, sind hoch entwickelt.

n Nordeuropa verdienen viele Menschen ihr Geld mit dem Fischfang.

In Lappland werden Rentiere gezüchtet. Man verwendet die Häute, das Fleisch und die Geweihe.

Aus Holz wird Papier hergestellt. Schweden und Finnen sind die größten Papierproduzenten Europas.

Russland, vor allem Sibirien, ist reich an Erdöl und Erdgas. Es gibt dort auch Kohle, Holz, Weizen und Kartoffeln (siehe auch unter „Asien, Wirtschaft“).

Die Holzverarbeitung ist in Finnland ein sehr wichtiges Gewerbe. Finnland exportiert Papier und Papierbrei.

Schweden ist ein wichtiger Produzent von Eisenerzen.

In Estland gehören Erdgas und Treibstoff zu den wichtigsten Energieträgern.

In Lettland gibt es viel Viehzucht und regen Fischfang.

In Litauen konzentriert sich die Landwirtschaft auf Rind- und Schweinezucht.

In Polen werden Kohle und Kupfer gefördert, Stoffe und Schiffe fabriziert, außerdem wird Stahl verarbeitet. Man baut dort auch Weizen, Kartoffeln und Rüben an.

Deutschland ist ein hoch entwickeltes Agrar- und Industrieland (siehe auch unter „Südeuropa, Wirtschaft“).

Dieser große Turm gehört zu einem Atomkraftwerk, mit dem man Elektrizität produzieren kann. Um es zu betreiben, braucht man Uran.

Die nordeuropäischen Länder produzieren viel Milch und Butter. In Deutschland und Polen gibt es sehr viel Schweinezucht.

Die Landwirte arbeiten mit modernsten Maschinen.

Die Automobilindustrie ist hoch entwickelt in Deutschland, Schweden und England.

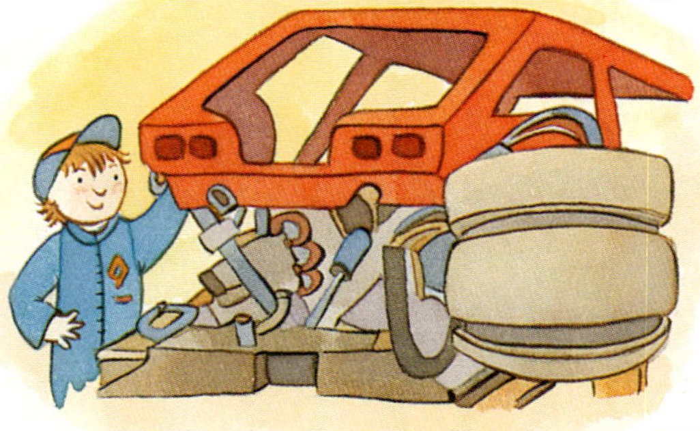

SÜDEUROPA

Die europäische Folklore ist prachtvoll und vielfältig. Die Volkstrachten, die zu Festen getragen werden, sind sehr farbenfroh und mit Bändern und Spitze verziert, wie zum Beispiel die Trachten dieser jungen Bulgaren.

Jedes Jahr zu Weihnachten schmücken die Kinder einen Tannenbaum.

Die Spanier sind begeisterte Anhänger der „Corrida“, dem Kampf zwischen Torero und Stier.

In Spanien gibt es im April ein Fest, bei dem Kinder mit Pferden die Könige sind!

Viele Touristen lassen sich über die Donau oder den Rhein fahren. Die beiden Flüssen sind durch einen Kanal miteinander verbunden.

Das Kolosseum in Rom ist ein Amphitheater, das 80 n. Chr. vollendet wurde. Dort fanden Gladiatorenkämpfe statt.

Frankreich, Deutschland, die Schweiz, Italien, Österreich und Spanien haben hohe Berge - wie geschaffen zum Skifahren!

Der Louvre in Paris ist das größte Museum der Welt. In die Mitte des Hofes vor dem Louvre hat man eine Pyramide ganz aus Glas gebaut.

Die Reiter der Spanischen Hofreitschule in Wien reiten mit ihren weißen Lipizzanern außergewöhnliche Figuren - ein eindrucksvolles Schauspiel!

Die Brücke über den Bosporus im türkischen Istanbul verbindet Europa mit Asien.

In Griechenland finden in den Ruinen alter Theater noch immer Aufführungen statt.

Griechische Tänzer

Im August findet im italienischen Siena ein beeindruckendes Pferderennen, das „Palio", statt.

Die Mittelmeerküste zieht viele Touristen an.

Im Februar ist in ganz Europa Karneval. Groß und Klein ziehen verkleidet durch die Straßen.

Karneval in Venedig

SÜDEUROPA

WIRTSCHAFT

Es gibt reichere und ärmere Länder. Die Mitgliedsländer der EU gehören zu den reichen. Industrie und Landwirtschaft sind hoch entwickelt. Frankreich ist aufgrund seiner technologischen Errungenschaften, seiner bedeutenden Modeschöpfer, seiner Käsesorten und seines Weines berühmt. Deutschland ist eine der größten Industrienationen der Welt. Italienische Autos, das Olivenöl und die italienischen Nudeln werden auf der ganzen Welt geschätzt. Die Agrarländer Spanien und Portugal werden zunehmend industrialisiert. Die Schweizer Uhren und Banken sind sehr bekannt.

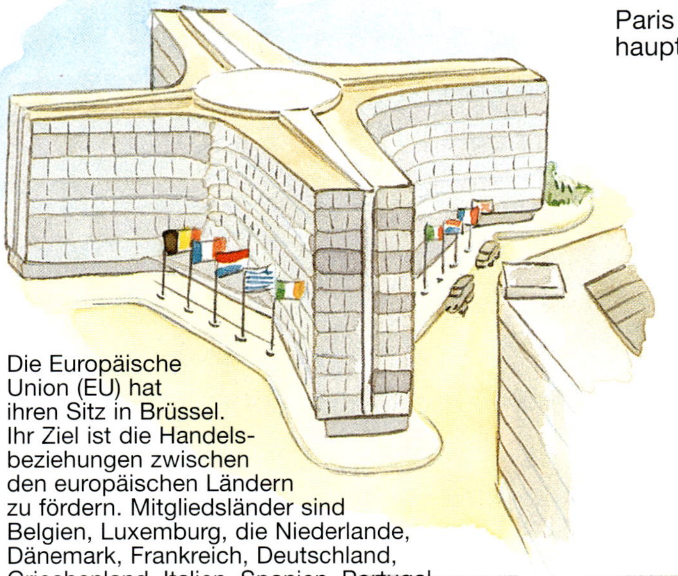

Die Europäische Union (EU) hat ihren Sitz in Brüssel. Ihr Ziel ist die Handelsbeziehungen zwischen den europäischen Ländern zu fördern. Mitgliedsländer sind Belgien, Luxemburg, die Niederlande, Dänemark, Frankreich, Deutschland, Griechenland, Italien, Spanien, Portugal, Österreich, Finnland, Schweden, Großbritannien und Irland.

Paris ist die Modehauptstadt der Welt.

Ein Tunnel unter dem Ärmelkanal verbindet Großbritannien und Frankreich.

Frankreich baut große Passagierdampfer.

Nach Frankreich und Spanien kommen besonders viele Touristen. Aber auch archäologische Ausgrabungsstätten in Griechenland und die italienischen Städte und Museen locken viele Besucher an.

Vor der Atlantikküste gibt es viele Fische. Französische, spanische und sogar englische Fischer gehen auf hoher See vor Portugal, Spanien und der Südwestküste Frankreichs auf Tunfischfang.

In der hoch entwickelten europäischen Automobilindustrie gibt es viele Arbeitsplätze.

Vor allem in Deutschland, Italien und Spanien findet man viele Druckereien.

Der Obst- und Gemüseanbau ist in allen Ländern sehr wichtig.

Jedes Jahr besuchen zahlreiche Touristen die prachtvollen Schlösser in Europa.

Der französische TGV und der deutsche ICE gehören zu den schnellsten Zügen der Welt. Sie können über 300 km/h fahren.

Der Bau des Flugzeuges Airbus ist ein gutes Beispiel für europäische Zusammenarbeit: Beteiligt sind Frankreich, Deutschland, Großbritannien, Spanien und die Niederlande.

Champagner, Bordeaux, Burgunder und Beaujolais ... Die französischen Weine sind auf der ganzen Welt bekannt. Auch die italienischen Weine werden gerne getrunken.

Spanien und Portugal sind für ihre Dessert- und Aperitifweine, z. B. den Sherry oder den Portwein, berühmt. In Griechenland lässt man den Retsina in Fässern mit Baumharz altern.

Aus Frankreich kommen Camembert und Brie. Greyerzer kommt aus der Schweiz, Parmesan aus Italien und Feta aus Griechenland.

Deutschland und Frankreich sind die größten Milchproduzenten in Europa.

Telekommunikation und Elektronik sind hoch entwickelte Industriezweige, vor allem in Frankreich und Deutschland.

In ganz Europa gibt es Stahlwerke, so zum Beispiel in Frankreich, Deutschland, Italien und Polen.

In den südeuropäischen Ländern wird sehr viel Getreide angebaut.

NORD-AMERIKA

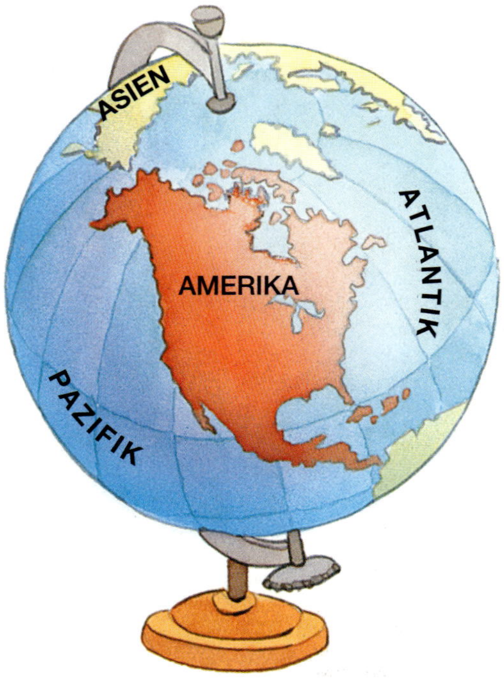

Diese Inuit jagen einen Eisbären.

Beim Rodeo in den USA und in Mexiko fangen Reiter wilde Pferde oder Stiere ein und versuchen möglichst lang auf deren Rücken zu bleiben.

Nach Disneyland, dem größten Vergnügungspark der Welt, kommen jedes Jahr Millionen von Besuchern!

Der Grand Canyon wurde vom Fluss Colorado in mehr als 300 Millionen Jahren ausgehöhlt. Von oben hat man einen herrlichen Blick!

Bei Festen besinnen sich die Indianer auf ihre Traditionen: Sie schmücken sich mit Fellen und Federn, tanzen und unterhalten sich in Zeichensprache.

Die Kinder in Mexiko bekommen zum Geburtstag oder zu Weihnachten eine „Pinata“, ein Gefäß voller Süßigkeiten, das mit verbundenen Augen mit einem Stock zerschlagen werden muss.

Das Biodôme von Montreal in Quebec (Kanada) ist ein Forschungszentrum zum Schutz der Erde. Unter einer Glasglocke sind vier verschiedene Ökosysteme des amerikanischen Kontinents nachgebaut, unter anderem die Polarregionen.

Auch in Quebec, einer Region Kanadas, wird im Februar Karneval gefeiert. Wer baut die größte Figur aus Schnee oder Eis?

Im Frühjahr gewinnen die Kanadier von den Bäumen Ahornsaft, der dann in einem Holztrog in Zuckersirup umgewandelt wird.

Am 31. Oktober ist Halloween. Die Eltern höhlen Kürbisse aus, schneiden ein Gesicht in die Kürbisschale und stellen eine Kerze hinein. Die Kinder, als Gespenster und Hexen verkleidet, klingeln an den Haustüren und fordern Bonbons.

In Florida bewegt man sich mit flachen Propellerbooten in der Sumpflandschaft der Everglades fort. Der Lärm der Boote verschreckt die Alligatoren.

NORDAMERIKA

WIRTSCHAFT

Die Vereinigten Staaten von Amerika sind eine wichtige Wirtschaftsmacht. Um die großen Seen im Norden konzentriert sich die Schwerindustrie: Hier werden Eisen, Stahl und Kohle verarbeitet, Autos, Maschinen und Textilien hergestellt. In Texas und Alaska wird Öl gefördert. Auf riesigen Farmen werden Tiere gezüchtet. Und dann gibt es noch die Strände Floridas, den Weizen- und den Maisanbau - und die Kinofilme aus Hollywood! Auch in Kanada wird Öl gefördert, außerdem Elektrizität erzeugt, Uran und Kupfer abgebaut, Holzwirtschaft betrieben, Papier produziert und Weizen angebaut.

Alaska ist eines der wichtigsten Öl fördernden Länder. Auf großen Plattformen wird das Öl zutage gefördert. Durch Rohre, so genannte „Pipelines“, wird das Öl zu den Städten transportiert. In diesen Rohren durchquert das Öl das ganze Land.

Die Fischindustrie lebt von den fischreichen Gewässern im hohen Norden.

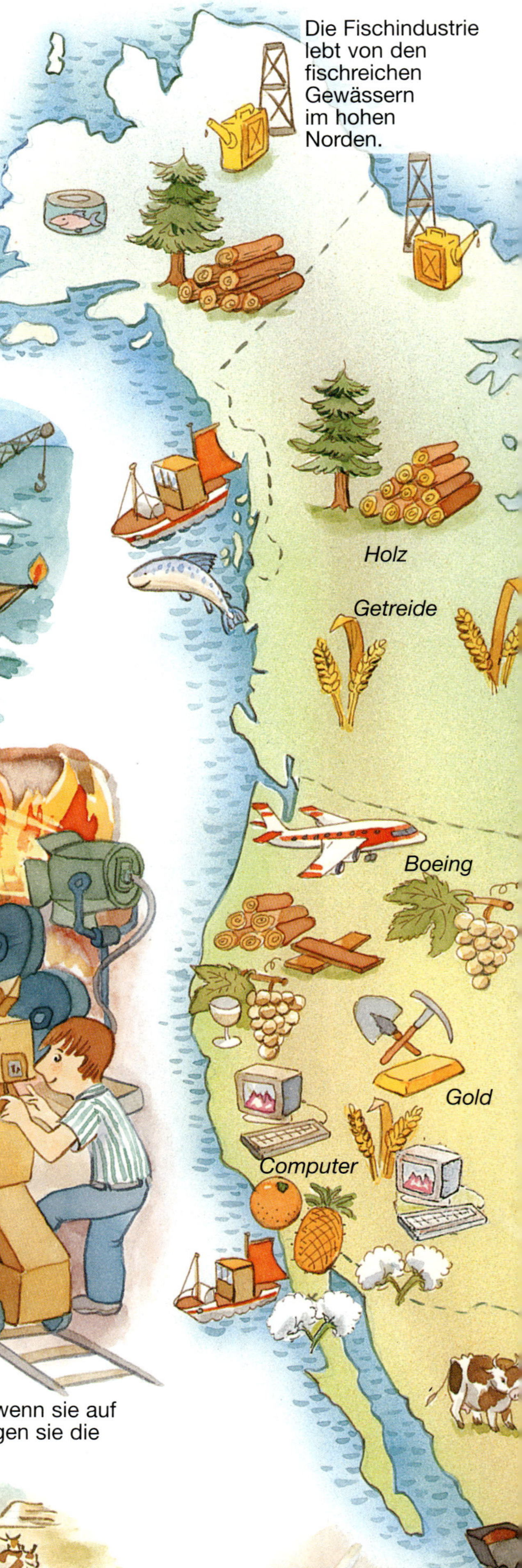

Filmstudio in Hollywood

In Hollywood, der Hauptstadt der Filmindustrie, haben die größten Filmstars gedreht.

In Seattle, im Westen der USA, stellt Boeing riesige Flugzeuge her.

In Amerika werden große Mengen Getreide angebaut. Die Bauern setzen bei der Bearbeitung der Felder moderne Maschinen ein.

Die Cowboys steigen nicht vom Pferd, wenn sie auf ihr Vieh aufpassen. Wie im Western fangen sie die Tiere mit dem Lasso!

Neufundland hat sehr fischreiche Gewässer. Hier wird vor allem Kabeljau gefangen.

In Kanada befindet sich eine der größten Aluminiumfabriken.

In den USA wird sehr viel Mais angebaut, aus dem Cornflakes und Popcorn gemacht werden.

Uran (Kanada ist eines der wichtigsten Uran fördernden Länder)

Zucker ist die wichtigste Einnahmequelle Kubas. Außerdem werden Ananas und Tabak angebaut. Kubanische Zigarren sind sehr berühmt.

Mexiko hat große Erdölvorkommen und wichtige Gold- und Silberminen. Landwirtschaft und Fischfang sind hoch entwickelt.

In Kalifornien befinden sich die berühmten Elektronikfirmen, in denen Computer hergestellt werden.

Die Kanadier schlagen in ihren riesigen Wäldern viel Holz. Die Stämme werden auf Flussläufen transportiert. Die Holz verarbeitende Industrie sitzt vor allem am Rande der Wälder und an den Fjorden.

Diese kanadischen Fischer trocknen den Kabeljau, damit er sich besser hält.

Die Amerikaner lieben Schnellrestaurants! Diese Kellnerin bringt die Bestellung zum Gast, der im Auto sitzen bleibt.

Die Raumfähren der NASA starten vom Kap Canaveral.

In Florida wachsen Orangen, Pampelmusen und Mandarinen. Direkt nach der Ernte werden sie verpackt oder verarbeitet.

Im 19. Jahrhundert wurden die großen Baumwollplantagen von Sklaven aus Afrika bewirtschaftet. Heute übernehmen moderne Maschinen die Ernte. Sie ersetzen die Arbeitskraft von 40 Menschen.

SÜDAMERIKA

Die Indianer sind die Ureinwohner Südamerikas. Sie leben auf den Hochebenen der Anden oder in den Wäldern Amazoniens. Im 16. Jahrhundert landeten die Spanier und Portugiesen in Südamerika.

Die Galapagosinseln sind erloschene Vulkane. Sie sind von Leguanen und Schildkröten bewohnt und stehen unter Naturschutz.

Früher soll ein Indianer auf einem goldenen Floß über einen See gefahren sein. In einem Museum in Bogota steht das kleine Floß, das diese Legende darstellt.

In Bolivien und Peru werden wunderschöne Stoffe hergestellt. Diese Indianerin aus dem Volk der Quechua webt einen gemusterten Gürtel.

La Paz in Bolivien liegt 3000 m hoch und ist damit die am höchsten gelegene Hauptstadt der Erde.

In Patagonien leben Horden wilder Pferde.

Der Titicacasee ist der höchstgelegene See der Welt. Er ist mit Schilf bewachsen, aus dem die Indianer Boote herstellen. Sie fischen auf dem See und fangen Sumpfvögel.

Jedes Jahr feiern die Peruaner den Gründer des Inkareiches. Ein Mann und eine Frau spielen die Rolle der ersten Inkas und werden in einer Prozession durch die Straßen getragen.

Die Anden bilden die längste Gebirgskette der Erde. Sie sind ein sehr junges Gebirge.

Machu Picchu ist eine der ältesten Inkastädte.

Das Lama hat sich dem Gebirge perfekt angepasst. Seine Wolle schützt es vor Kälte. Die Indianer spinnen die Wolle und machen aus ihr Schals und Ponchos.

Die Amazonasindianer leben in Stämmen isoliert mitten im Urwald. Sie kennen viele Geheimnisse des Waldes, zum Beispiel die heilende Wirkung vieler Pflanzen. Die Indianer leben von der Jagd und vom Fischfang.

Der Karneval von Rio ist in der ganzen Welt berühmt: Die Brasilianer tragen bunte Kostüme und singen und tanzen im Rhythmus der Samba.

Die Brasilianer lieben Fußball. Zu den Spielen kommen Tausende von Zuschauern!

Festgewänder der Zuckerrohrschneider in Brasilien

Der Tango ist ein traditioneller argentinischer Tanz. Er wird zu zweit getanzt. Kein Fest ohne Tango!

Polo ist eine Art Golf zu Pferd. In Argentinien ist dieser Sport sehr verbreitet. Am beliebtesten aber ist Fußball.

Der „Asado“ ist ein großer argentinischer Grill.

SÜDAMERIKA

WIRTSCHAFT

Brasilien, Venezuela und Argentinien sind die reicheren Länder Südamerikas. Brasilien exportiert Zucker, Kaffee, Reis, Mais, Obst und Gemüse. Dank der Vorkommen von Eisen, Gold, Bauxit und Kupfer hat sich eine bedeutende Industrie entwickelt. Venezuela exportiert vor allem Erdöl. In Argentinien werden Rinder in großen Herden gezüchtet - das argentinische Fleisch ist berühmt. Das Land verfügt aber auch über Öl-, Gas- und Erzvorkommen. Chile fördert ebenfalls wichtige Bodenschätze.

Der Panamakanal verbindet den Atlantik mit dem Pazifik. Dadurch müssen die Schiffe nicht um ganz Amerika herumfahren. Mehr als 40 Schiffe aus allen Ländern fahren täglich durch den Kanal.

Die Zugstrecken in den Anden liegen weltweit am höchsten!

In Peru wird Salz in terrassenförmigen Salinen gewonnen. Sie wurden bereits vor 500 Jahren von den Inka verwendet!

Im trockenen Bergland Boliviens werden Kartoffeln angebaut. In manchen Gegenden wird der Schädel eines ehemaligen Dorfbewohners aufgehängt, der während der trockenen Jahreszeit geboren wurde. Dies soll vor Hagel und Gewitter schützen.

Auf den Hochebenen der Anden leben die Bauern in runden, strohgedeckten Häusern aus ungebrannter Erde. Die Bauern sind sehr arm und müssen ihren Boden von Hand bebauen.

Ölraffinerie in Chile

Chile ist eines der wichtigsten Kupfer fördernden Länder der Erde. Es besitzt auch bedeutende Erz- und Salpetervorkommen.

Die Frauen, die Poncho und Hut tragen, steigen mit den Waren von den Hochebenen hinunter zum Markt, wo sie ihre Waren verkaufen. Welche Farbenpracht!

Die Insel Marajó sieht auf der Karte klein aus, ist aber größer als die Schweiz! Sie ist ständig überflutet. Die Bauern reiten auf Wasserbüffeln durch die Sümpfe.

Die Transamazonica ist eine Straße, die Brasilien von Osten nach Westen durchquert. Um sie bauen zu können, mussten die Arbeiter mit gewaltigen Maschinen riesige Bäume fällen.

Die brasilianische Atlantikküste ist bei Touristen sehr beliebt.

São Paolo ist ein großes Industriezentrum.

Dieses Floß, eine „Jangada", hat ein dreieckiges Segel und wird von brasilianischen Fischern benutzt.

In Kourou in Französisch-Guyana befindet sich die Abschussrampe für die Ariane-Raketen.

Brasilien hat große Eisenerzvorkommen. Das Erz wird im Tagebau abgebaut.

Das größte Wasserkraftwerk der Welt befindet sich in Brasilien.

Kaffee ist eine der wichtigsten Nutzpflanzen Südamerikas. Brasilien, Kolumbien und Ecuador sind die Hauptanbauländer.

Manche brasilianische Bauern ernten das Zuckerrohr noch mit der Hand, doch häufig ersetzen schon Erntemaschinen den Menschen.

In der Pampa weiden große Schafherden, deren Wolle weiterverarbeitet wird. Außerdem baut man in Argentinien auch Wein an.

In der Pampa überwachen Kuhhirten zu Pferd ihre großen Viehherden. Man nennt sie „Gauchos".

ASIEN

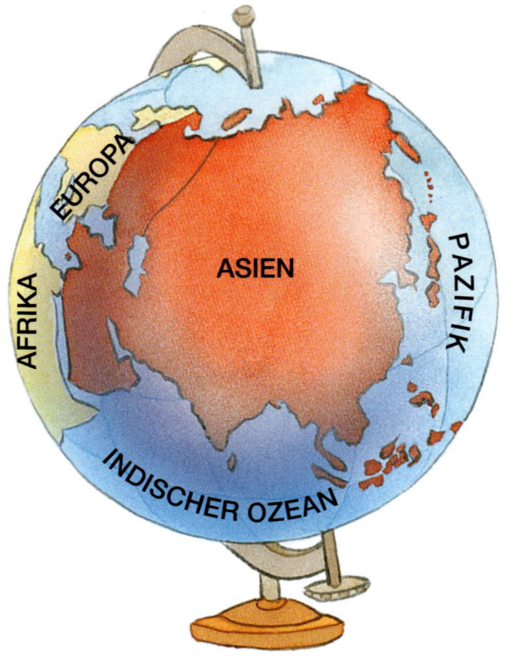

Diese afghanischen Reiter spielen „Bouzkachi", einen beliebten Sport in einigen Ländern Asiens. Die Teilnehmer kämpfen um eine Ziegenhaut, die an einer bestimmten Stelle abgelegt werden muss. Der Sieger gewinnt z. B. ein Teeservice, ein Pferd oder ein Kamel.

Einige sibirische Völker leben in Zelten aus Rentierhaut. Wenn es draußen -40° C kalt ist, liegt die Temperatur drinnen bei etwa 10° C.

Asien ist der größte und der am dichtesten besiedelte Kontinent der Erde. Allein China hat mehr als eine Milliarde Einwohner! Ganz unterschiedliche Völker und Religionen treffen hier aufeinander!

Die Hindus baden im heiligen Wasser des Ganges, um sich zu reinigen.

Die Rikscha, eine kleine Kutsche, wird zu Fuß, mit dem Fahrrad oder mit einem Mofa gezogen.

Wie viele Feste gibt es in Indien! Der Mond, die Sonne, die Ernte, der Regen oder die ersten Blumen - all das wird gefeiert. Dann sind tausende Menschen auf den Straßen.

Verschleierte Frauen vor einer Moschee im Iran

Fakire sind sehr religiöse Männer. Manche von ihnen versetzen sich so tief in Trance, dass sie wochenlang in einer Position verharren können.

Die Bering-Straße ist eine 80 km lange Meerenge zwischen Sibirien und Alaska.

Die sibirischen Völker züchten die Rentiere wegen des Fleisches, der Haut und des Geweihs. Auf der Jagd ziehen die Rentiere die Schlitten. Jede Familie hat mehrere Schlitten.

Die Japaner baden gerne in öffentlichen Bädern oder in heißen Quellen. Am schönsten ist es mit der ganzen Familie!

Dieser kleine Junge übt Kunststücke auf seinem Esel. Vielleicht darf er später einmal nach Peking in den Zirkus?

Kinder treffen buddhistische Mönche, die in einsam gelegenen Klöstern leben. Manche der Mönche tragen orangefarbene Gewänder.

Die Frauen aus Miao, im Süden von China, sind immer schön. Dank eines Gestelles können sie sich ganz außergewöhnliche Frisuren machen!

In China fährt fast jeder mit dem Fahrrad. Was für ein Stau!

Jedes Jahr findet zu Ehren eines alten Dichters das Drachenbootfest statt. Die Ruderer werfen Reis ins Wasser.

Auf dem schwimmenden Markt von Bangkok dienen die Kähne auch als Marktstand!

Auf den Philippinen haben sich Asiaten mit Nachkommen der spanischen Eroberer gemischt, die im 16. Jahrhundert kamen.

Der Tempel Borobudur wurde um 800 erbaut. Er ist das größte buddhistische Heiligtum der Welt.

ASIEN
WIRTSCHAFT

Saudi-Arabien und Russland fördern sehr viel Erdöl. Japan ist eines der reichsten und modernsten Länder der Erde. In China überwiegt trotz chemischer Industrie und Textilindustrie nach wie vor die Landwirtschaft. Im Süden sind Indien und Pakistan die am weitesten industrialisierten Länder. Thailand exportiert viel Reis, Vietnam Kohle. Indonesien hat große Wälder und exportiert daher Holz, aber auch Kautschuk (Rohgummi), Kaffee und Tabak. Das schöne Land zieht zahlreiche Touristen an.

Die Beduinen leben in Zelten in der arabischen Wüste. Sie züchten Schafe. Sie sind arm, vor allem im Vergleich mit den arabischen Emiren, den Besitzern der Ölquellen.

Einige Eskimos dürfen noch Walrosse jagen. Sie verwenden ihr Fleisch und das Elfenbein der Zähne.

Die Seidenverarbeitung ist wichtig in China. Die Züchter der Seidenraupen verkaufen die Kokons, aus denen man den Seidenfaden gewinnt.

Russland ist das größte Land der Erde. Es hat einen europäischen und einen asiatischen Teil und verfügt über beträchtliche Kohle-, Erdöl-, Erdgas- und Erzvorkommen.

Die russischen Raketen starten in Baikonur.

An der arabischen Küste wachsen Orangen und Datteln. Außerdem spielt die chemische Industrie eine bedeutende Rolle.

Ein typisch indischer Markt mit Obst, Gemüse und Gewürzen: Ein Fest der Farben und Düfte!

Die Bewohner der indischen Südküste sind große Fischer.

Indien und China produzieren viele Stoffe aus Baumwolle.

In Sri Lanka und Südindien wird viel Tee angebaut.

Sibirien ist reich an Gold, Kohle und Gas.

Die Japaner fangen mit ihren Fabrikschiffen riesige Mengen Fisch. Sie bauen außerdem Autos und Schiffe. Die Elektronikindustrie ist hoch entwickelt.

In Indonesien zapft man den Saft eines Baumes, das Latex, um es zu Gummi zu verarbeiten.

In Asien sind alle Arten von Reis sehr beliebt. Der Reis wächst auf Feldern, die zeitweise überflutet werden. Auf den Philippinen wird er an Vulkanhängen auf Terrassen angepflanzt.

Die Bauern in Japan betreiben Küstenfischerei und bereichern so ihren Speiseplan.

In Vietnam wird fast alles auf dem Fahrrad transportiert!

In Nepal werden Yaks gezüchtet. Aus der Milch der Yaks wird Butter gemacht.

Die Urwälder auf Borneo und Sumatra werden stark abgeholzt. Jedes Jahr fällt man tausende von Bäumen!

In der Bucht von Along in Vietnam wird Kohle am Strand aufgelesen - eine der Haupteinnahmequellen des Staates!

Die Einwohner von Malaysia fischen die Schildkröten wegen ihres Fleisches, des Schildpatts und des Leders.

An den Hängen der Vulkane von Java wird Schwefel gesammelt. Das Tuch vor Mund und Nase soll vor den giftigen Dämpfen schützen.

AFRIKA

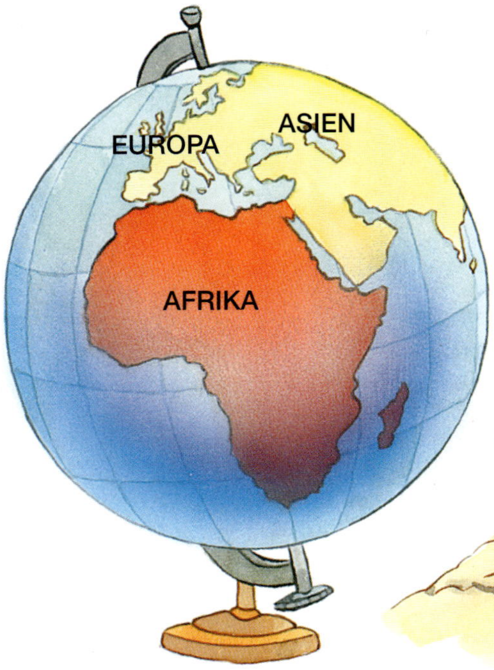

Die Mehrzahl der Afrikaner hat eine sehr dunkle Hautfarbe. Nur die Haut der Nordafrikaner ist relativ hell. In Südafrika leben sehr viele Europäer, vor allem Engländer und Holländer.

Afrikaner leben in Lehmhäusern, in Holzhütten oder -häusern oder in den Hochhäusern der Städte. Jedes Volk hat seine eigenen Feste und Bräuche und schminkt sich auf ganz eigene Art.

Die Oasen sind die einzigen Orte in der Wüste, wo man Wasser, Pflanzen und andere Nahrung findet. Diese Leute waschen in der Oase und sammeln Datteln.

Die Frauen zerstampfen die Hirse zu Mehl und machen Kuchen daraus. Mütter tragen ihre Kinder in Tüchern auf dem Rücken.

Diese Leute schlafen in Holzhütten, die mit Blättern gedeckt sind. Sie leben von der Jagd und von Pflanzen und Honig.

Hier gibt es keine Dusche! Das Kind wäscht sich in einer Schüssel.

Frauen holen Wasser aus dem Brunnen.

In Nordafrika bieten die Männer als Zeichen der Freundschaft einen starken, gezuckerten Pfefferminztee an. Das Couscous aus Grieß, Fleisch und Gemüse wird mit den Händen gegessen.

Die Masken sind heilig. Diejenigen, die sie tragen, sollen übernatürliche Kräfte haben. Die Masken sind aus Holz oder auch aus Blättern oder Muscheln.

Geburt, Hochzeit und Tod sind immer Anlass für ein Fest. Die Dorfbewohner tanzen zu den Klängen ihrer Musik. Sie danken ihren Göttern, bitten sie um Regen oder verjagen böse Geister.

Die Tuareg veranstalten manchmal Dromedarrennen.

Die Männer mancher Völker bemalen sich. Früher diente die Bemalung zur Abschreckung der Feinde. Die Frauen bemalen sich für die Männer.

Zulus

Die Zulus sind das größte Volk in Südafrika. Jedes Jahr tanzen sie in ihrer Stammestracht zum Gedenken an ihre Vorfahren. Dabei tragen sie ihre Schilde.

Die Frauen eines Volkes in Äthiopien tragen eine Tonplatte in der gedehnten Unterlippe.

AFRIKA
WIRTSCHAFT

Der Sudan und Ägypten sind die größten Länder im Norden Afrikas. Beide betreiben viel Landwirtschaft. In Libyen und Algerien gibt es Erdölquellen. Andere Länder Afrikas, wie Niger oder Mali, sind sehr arm und werden häufig von Hungersnöten heimgesucht. Entlang der Küsten Afrikas wird Obst angebaut. Außerdem werden in Afrika Diamanten, Gold und Erz abgebaut.

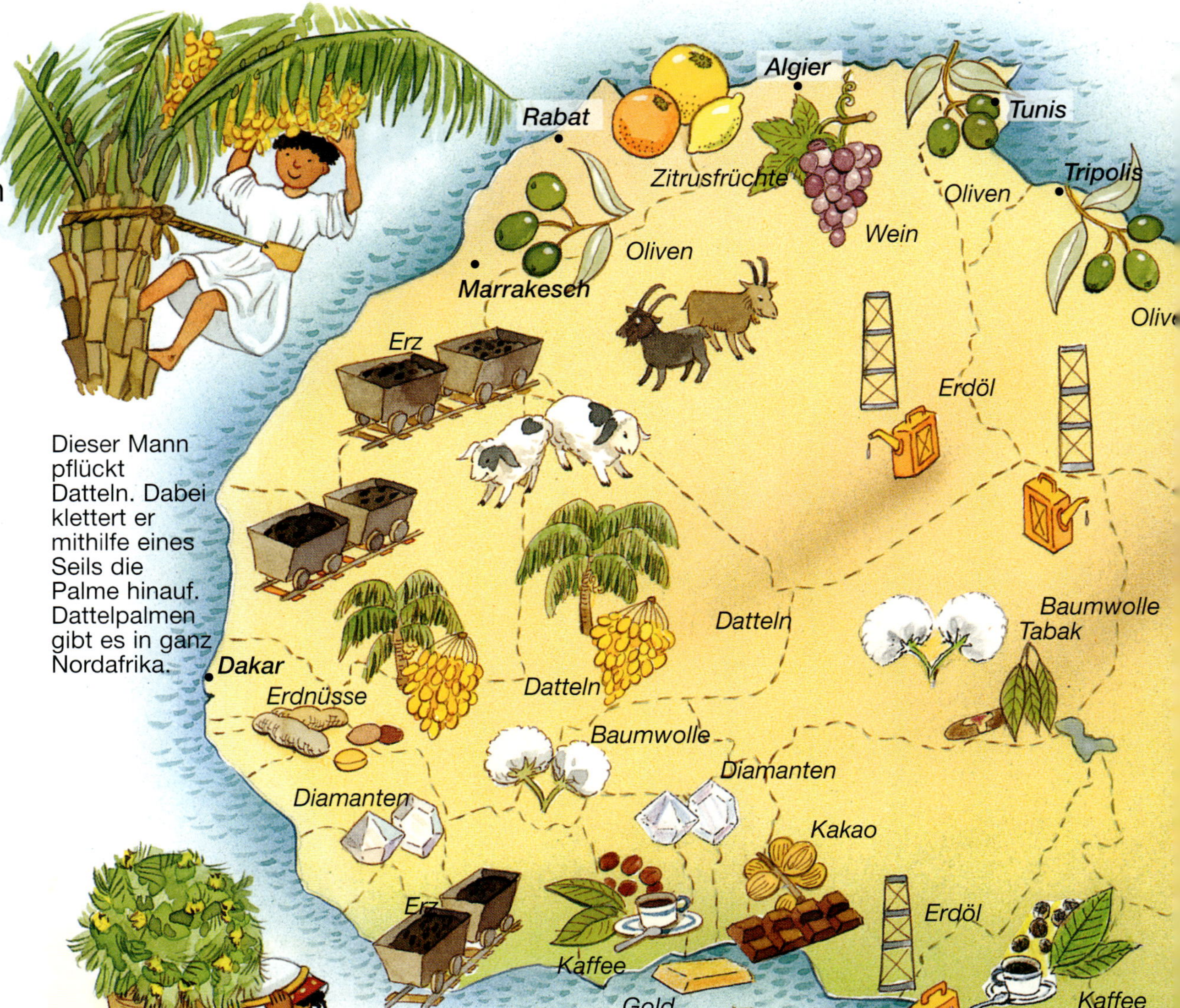

Dieser Mann pflückt Datteln. Dabei klettert er mithilfe eines Seils die Palme hinauf. Dattelpalmen gibt es in ganz Nordafrika.

Die Oliven aus Marokko und Tunesien sind sehr lecker. Man erntet sie, indem man den Olivenbaum schüttelt.

Der Henkel des Korbs liegt um den Kopf der Frau. So fällt es ihr leichter, die schwere Last zu tragen.

Auf dem Markt kaufen und verkaufen die Frauen Obst, Gemüse, Stoffe, Töpfe, getrocknetes Fleisch und Fisch.

Die Fischer leben an der Küste oder entlang der Flüsse. In Mauretanien helfen ihnen manchmal Delfine beim Fischen.

Für die Frauen und Männer ist die Arbeit in den Gold- und Diamantenminen sehr hart. Südafrika fördert weltweit am meisten Diamanten.

Dieser marokkanische Gerber bereitet die Schafshaut vor, um Leder aus ihr zu machen. Er färbt das Leder, indem er es in eine Farblösung legt.

Dakar, die Hauptstadt des Senegals, hat den größten Industriehafen in Westafrika.

Diese junge Äthiopierin passt auf ihre Herde auf und sucht eine Wasserstelle für sie.

Die Nomaden kaufen und verkaufen ihre Tiere auf dem Viehmarkt.

Baumwolle wird in vielen Ländern angebaut. Beim Ernten muss man vorsichtig sein, die Pflanzen haben Stacheln!

Für die Nomaden ist ein Dromedar so wichtig wie für uns ein Auto. Es trägt Waren, Nahrung, Zelte und auch müde Menschen!

Männer und Frauen ernten das Salz, das aus dem Meer gewonnen wird.

Die „Souks" sind große, überdachte Märkte in Nordafrika. Sie sind immer voller Menschen. Es gibt hier fast alles zu kaufen.

In Südafrika werden Schafe und Strauße gezüchtet. Außerdem produzieren die Südafrikaner guten Wein.

Touristen besuchen oft die großen Städte, wie Tunis, Marrakesch oder Kairo. In Kairo dürfen sie die Pyramiden nicht auslassen! Andere bevorzugen die Strände Senegals oder Südafrikas oder die Tierreservate.

AUSTRALIEN UND OZEANIEN

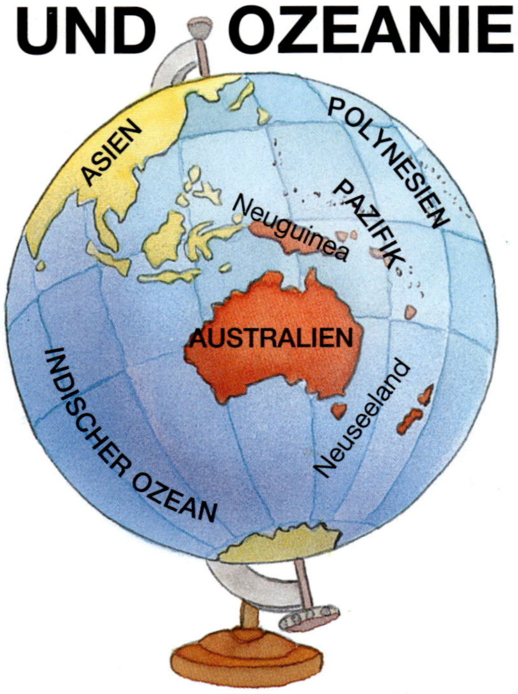

Zur Fortbewegung in ihrem riesigen Land haben die Australier Dromedare importiert. Manchmal veranstalten sie große Dromedarrennen.

Neuguinea ist eine der größten Inseln der Erde. Sie ist von den Papuas bewohnt, die in Stämmen zusammenleben. Fast jeder Stamm hat seine eigene Sprache. Man hat über 1000 gezählt!

Ureinwohner r Bumerang

Der Ayers Rock, ein roter Felsblock, ist den Aborigines heilig. Der Wind hat Höhlen in den Felsen gegraben.

Neun von zehn Australiern leben in den großen Städten an der Küste.

Die hellhäutigen Einwohner Australiens stammen von den Engländern ab, die vor ca. 200 Jahren dort landeten. Australiens Tier- und Pflanzenwelt ist einmalig: Man findet Arten, die es nirgendwo sonst gibt, z. B. Koalas und Kängurus. Viele Touristen kommen, um die Korallenbänke vor der Küste zu sehen und um zu baden.
Zu Ozeanien gehören Neuseeland und die vielen kleinen Inseln im Pazifik, wie z. B. Polynesien.

Einige wenige Aborigines leben noch nach ihrer Tradition in Stämmen zusammen. Sie malen auf Eukalyptusbaumrinde und ernähren sich vom Jagen und Sammeln.

Bei Festen bemalen sich die Aborigines das Gesicht und den Körper. Sie singen und tanzen um einen Totempfahl.

Kängurus leben nur in Australien.

Kinder, die auf dem Land leben, gehen nicht zur Schule, die oft tausende Kilometer entfernt liegt. Sie haben Unterricht durch Fernsehen oder Radio.

Auf den Inseln im Pazifik werden Besucher mit duftenden Blüten-kränzen willkommen geheißen.

Im Juli wird auf Tahiti die „Heiva" gefeiert: Die Tahitianer tanzen und bewegen dabei Bauch und Hüften. Das ist gar nicht so leicht! Sie tragen einen Schurz und manchmal lustige Masken und Kränze aus Blättern oder Blüten.

Australien wird von einem riesigen Korallenriff gesäumt.

Der Koala ist das Symboltier Australiens. Er ernährt sich von Eukalyptusblättern.

Drachenfliegen ist ein sehr beliebter Sport.

Für Fischer sind die Inseln ein kleines Paradies. Sie fahren mit Kanus aufs Meer hinaus.

Viele Touristen durch-queren Australien mit dem Fahrrad.

Häuser in der Vorstadt von Sydney

Eine Maori-Maske. Maoris sind die Urein-wohner von Neuseeland.

Krebstiere und Fische wohnen in den Korallenbänken. Tauchen ist ein Erlebnis!

Die Oper von Sydney

Tasmanischer Beutelwolf. Er ist mit Koa-la und Kängu-ru verwandt.

Die Australier haben das Wellen-reiten erfunden. Sie werfen sich in die Brandung!

Diese Schüler tragen eine Schuluniform: Anzug und Hut.

Die ersten englischen Seeleute haben sich vor etwa 200 Jahren in Australien und Neu-seeland niedergelassen. Die Australier sind gute Seefahrer, manche arbeiten auf Segelschiffen. In den Buchten und Häfen drängen sich die Schiffe.

AUSTRALIEN UND OZEANIEN

WIRTSCHAFT

In Australien und Neuseeland wird viel Vieh gezüchtet. Das Lammfleisch aus Neuseeland ist berühmt und gilt als das beste. Die Australier züchten auf tausenden von Hektaren riesige Schaf- und Rinderherden.
Sie bauen aber auch Zuckerrohr, Ananas und Wein an. Außerdem werden in Australien Gold, Opale und Perlen gefunden.
Die polynesischen Inseln sind ein Paradies für Touristen.
Die Bewohner dieser Inseln leben außer vom Tourismus von der Fischerei und vom Verkauf von Kokosöl.

Im Indischen Ozean werden in Austern Perlen gezüchtet, die weltweit berühmt sind. Sie sind sehr wertvoll. Dieser Taucher hebt die Kästen mit den Austern vorsichtig an, um die weißen Perlen zu entnehmen.

Holz ist eine der wichtigsten Einkommensquellen von Neuguinea.

Die ersten Weißen kamen von England nach Australien, um nach Gold zu suchen. Australien fördert weltweit mit am meisten Gold.

Menschen aus der ganzen Welt wollten ihr Glück in den Opalminen machen.

Schafe und Rinder werden in Lastzügen in die Städte gebracht. Diese Lastzüge können bis zu sechzig Meter lang sein.

Die australischen Herden sind so groß, dass die Züchter sie mit dem Hubschrauber zusammentreiben.

In manchen Gegenden haben die Bauern mit der furchtbaren Trockenheit zu kämpfen.

In den Opalminen in Südaustralien machen heute Maschinen die Arbeit sehr viel leichter.

Die Qualität der australischen Schafwolle ist besonders hoch. Die Wolle wird in die ganze Welt exportiert.

Die Papuas leben in befestigten Dörfern. Ihre Häuser sind rund oder eckig und stehen auf Stützen. Als Haustiere halten sich die Papuas Schweine.

Ein großer Teil von Neuguinea ist von Dschungel, einem dichten, undurchdringlichen Wald, bedeckt. Es regnet fast jeden Tag und ist sehr heiß.

Die Papuas leben vor allem vom Sammeln, von der Jagd und der Fischerei.

Die Minen stellen eine wichtige Einkommensquelle Australiens dar: Es wird Kohle, Uran, Gold, Eisen und Kupfer abgebaut.

Im Nordosten von Australien kann dank des tropischen Klimas Zuckerrohr angebaut werden, weiter im Süden auch Ananas.

Neuseeland ist das wichtigste Exportland für Lammfleisch und Wolle. Obst, Äpfel, Aprikosen und vor allem Kiwis gedeihen hier. Neuseeland verfügt über Erdöl- und Erdgasvorkommen.

Krebstiere, wie z. B. Langusten, Krabben und Krebse, werden in Tasmanien und in Südneuseeland gefangen.

Die wichtigste Einkommensquelle der polynesischen Inseln Tahiti, Hawaii und Bora Bora ist ihre Schönheit. Jedes Jahr kommen zahlreiche Touristen.

DIE KALTEN REGIONEN

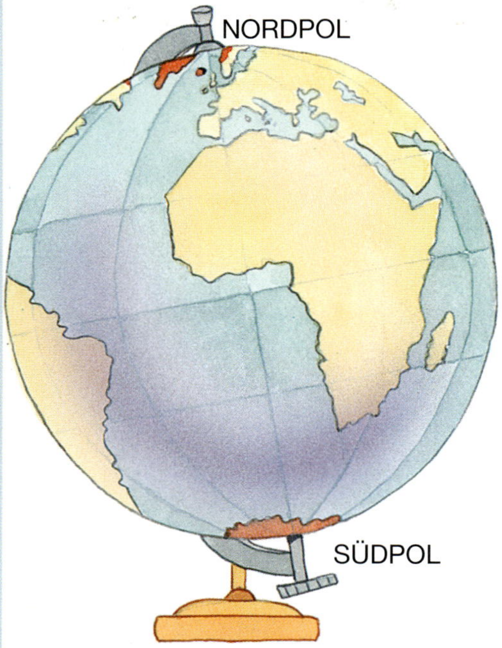

Für die Nacht baut sich dieser Jäger ein Iglu: Er sägt große Eisblöcke zurecht und setzt sie aufeinander. Im Inneren des Iglus ist es warm und hell. Früher lebten alle Inuit in Iglus.

Das Packeis bedeckt das Meer. Um fischen zu können, bohren die Menschen Löcher in die Eismassen.

Diese Wissenschaftler holen sich ein Stück Eis, um es zu untersuchen.

DIE ARKTIS

Die Arktis umfasst das Nordpolarmeer und Grönland und erstreckt sich bis nach Alaska,

Nordkanada, Nordeuropa und Sibirien. In dieser Region leben die Inuit und die Samen und natürlich Bären, Rentiere, Moschusochsen, Füchse und andere Tiere. In Polnähe dauert die Nacht den ganzen Winter über, dafür geht im Sommer die Sonne nicht unter. Nach der Schneeschmelze wachsen die Pflanzen.

Diese Karte zeigt das Nordpolarmeer im Sommer. Im Winter ist alles weiß.

Der Amerikaner Robert Peary erreichte 1909 als Erster den Nordpol.

Dieser Teil des Nordpolarmeeres ist das ganze Jahr über mit Eis bedeckt.

Grönland ist eine große Insel, die zu Dänemark gehört. Sie ist fast vollständig mit einer dicken Eisschicht bedeckt und vom Nordpolarmeer umgeben.

Um vorwärts zu kommen, zerbricht der Eisbrecher das Packeis.

Der Inuit fischt von seinem Kajak aus. Das Holzboot ist mit Seehundhaut überzogen.

Der Eisbär ist auf dem weißen Schnee kaum sichtbar. So kann er den Seehund mit einem Tatzenhieb überwältigen.

Diese Inuit leben in hübschen bunten Holzhäusern.

Die Haut der Seehunde wird getrocknet. Aus ihr wird Kleidung gemacht.

Im Sommer leben die Samen in Zelten. Dann folgen sie ihren Rentierherden.

Die Zeltplane legt man über Birkenstämme.

DIE ANTARKTIS

Dieser Kontinent, der am südlichsten Punkt der Erde liegt, hat das kälteste Klima der Welt.

Hier gibt es kaum Pflanzen und nur wenige Tiere. Trotz der eisigen Kälte (bis -80° C!) kommen Forschungsreisende aus der ganzen Welt. Aber nur wenige bleiben länger.

Für die Erkundung der Polarregion werden Hundeschlitten eingesetzt.

Der Forscher lässt einen Ballon mit einer Sonde steigen. Sie liefert Messdaten über die Luft.